中国古代四大发明

◎ 主编 金开诚

◎ 编著 李 娇

吉林出版集团有限责任公司

吉林文史出版社

图书在版编目（CIP）数据

中国古代四大发明 / 李娇编著. —长春：
吉林出版集团有限责任公司，2011.4（2023.4重印）
ISBN 978-7-5463-5039-4

Ⅰ．①中… Ⅱ．①李… Ⅲ．①技术史－中国－古代－
通俗读物 Ⅳ．①N092－49

中国版本图书馆CIP数据核字（2011）第053461号

中国古代四大发明

ZHONGGUO GUDAI SI DA FAMING

主编/ 金开诚　编著/李　娇

项目负责/崔博华　责任编辑/崔博华　钟　杉

责任校对/钟　杉　装帧设计/李岩冰　张　洋

出版发行/吉林出版集团有限责任公司　吉林文史出版社

地址/长春市福祉大路5788号　邮编/130000

印刷/天津市天玺印务有限公司

版次/2011年4月第1版　印次/2023年4月第6次印刷

开本/660mm×915mm　1/16

印张/9　字数/30千

书号/ISBN 978-7-5463-5039-4

定价/34.80元

前　言

　　文化是一种社会现象，是人类物质文明和精神文明有机融合的产物；同时又是一种历史现象，是社会的历史沉积。当今世界，随着经济全球化进程的加快，人们也越来越重视本民族的文化。我们只有加强对本民族文化的继承和创新，才能更好地弘扬民族精神，增强民族凝聚力。历史经验告诉我们，任何一个民族要想屹立于世界民族之林，必须具有自尊、自信、自强的民族意识。文化是维系一个民族生存和发展的强大动力。一个民族的存在依赖文化，文化的解体就是一个民族的消亡。

　　随着我国综合国力的日益强大，广大民众对重塑民族自尊心和自豪感的愿望日益迫切。作为民族大家庭中的一员，将源远流长、博大精深的中国文化继承并传播给广大群众，特别是青年一代，是我们出版人义不容辞的责任。

　　本套丛书是由吉林文史出版社和吉林出版集团有限责任公司组织国内知名专家学者编写的一套旨在传播中华五千年优秀传统文化，提高全民文化修养的大型知识读本。该书在深入挖掘和整理中华优秀传统文化成果的同时，结合社会发展，注入了时代精神。书中优美生动的文字、简明通俗的语言、图文并茂的形式，把中国文化中的物态文化、制度文化、行为文化、精神文化等知识要点全面展示给读者。点点滴滴的文化知识仿佛颗颗繁星，组成了灿烂辉煌的中国文化的天穹。

　　希望本书能为弘扬中华五千年优秀传统文化、增强各民族团结、构建社会主义和谐社会尽一份绵薄之力，也坚信我们的中华民族一定能够早日实现伟大复兴！

目录

一、指南针——地理大发现的前导

当人们在碧波荡漾的大海中航行，在硝烟弥漫的战场上作战，在异国他乡游历的时候，身在一个陌生的环境里，经常会迷失方向，辨不清南北，找不到归途。所以很早，人们就开始研究、掌握各种辨别方向的方法。

古时候，人们是通过观察天象来辨别方位的，晚上通过看北极星的方向来确定方位，白天通过看日影的方向来确定方位。可是，一遇到阴天下雨的恶劣天气，这种方法就不灵了，看不见太阳也看不见星星，无法确定方向，尤其是到了晚上，周围一片黑暗，极易酿成惨剧。

实践的需要就是生产的动力，经过劳动人民不断的摸索实验，终于发明了一个能够指示南北、判别方位的小工具——指南针。

指南针由一根装在轴上可以自由转动的磁针和标有刻度的底盘组成，磁针在地磁场的作用下可以指示南北方向。有了它，我们就能在世界的各个角落找到方向，辨清位置，就好像黑暗中的一缕阳光照亮人间，给人们的生产生活带来极大的方便。

今天，现代的指南针已经发展得非常成熟和完善，甚至在GPS中也会用到，精致的外观，先进的功能，使它被广泛应用于军事、航海、探险等各个领域，成为名副其实的重要导航工具。

（一）磁现象的发现

1.磁石引铁

说起指南针的诞生，我们首先要从磁现象的发现说起。早在两千多年前，也就是春秋战国时期，我国的劳动人民就已经掌握了用铁制造农具的方法，人们在寻找铁矿的过程中，发现山上有一种"石头"具有非常神奇的特性，这种石头可以魔术般地吸起小块的铁片，而且在随意摆动后总是指向同一方向。正因为它一碰到铁就吸住，好像一位慈祥的母亲吸引自己的孩子一样，所以古人称其为"慈石"，后来才逐渐演变为"磁石"。

这种"磁石"其实是一种磁铁矿的矿石，主要成分是四氧化三铁，而它具备的这种吸引铁一类物质的性质就是磁性，所有具备磁性的物体我们都称之为磁体。

我国关于磁石的最早记载见于

《管子·地数篇》："一曰上有铅者，其下有鈺银，上有丹砂者，其下有鈺金，上有慈石者，其下有铜金，此山之见荣者也。"这里的"铜金"就是一种铁矿。人们不仅发现了磁石，还在生产实践中将磁石付诸了应用。秦朝时候就有这样的故事：传说秦始皇修建阿房宫时，有一个宫门就是用磁铁制造的。如果刺客带剑而过，立刻被吸住，会被卫兵当场捕获。

这样的故事还有很多，《晋书·马隆传》记载了马隆率兵西进甘肃、陕西一带，在敌人必经的一条狭窄道路两旁堆放磁石，这样穿着铁甲的敌兵路过时，就

被牢牢吸住，不能动弹。而马隆的士兵穿的是犀甲，磁石对他们没有任何作用。敌人却以为是神兵来了，纷纷落荒而逃，不战而退。

东汉的《异物志》记载了在南海诸岛周围有一些暗礁浅滩含有磁石，磁石经常"以铁叶锢之"，把船吸住，使其难以脱身。

这些故事都说明人们在生产劳动中，发现了磁铁，了解了磁石引铁的性质，后来又逐渐发现了磁石的指向性，并且利用这一性质发明了指南针。

2. 磁针指南

人们发现了磁铁之后，做了很多有意思的实验和尝试，发现磁铁除了铁之外果然不能吸引其他的物质，而且磁铁的两端是它吸力最强的部分。当两块磁铁相互靠近时，意想不到的事情发生了，两块磁铁有时候会互相吸引，有时候又相互排斥。这又是怎么一回事呢？

通过不断的研究，人们发现，两块磁铁相互吸引或是相互排斥，是因为每块磁铁的两端都有不同的磁极，也就是磁铁两端吸力最强的部分，一端是正极，也称为S极，另一端是负极，称为N极。当两块磁铁的同性磁极相靠近时，它们会相互排斥，而异性磁极相靠近则会相互吸引。这就是磁铁同极相斥、异极相吸的原理。人们在发现了磁铁的这个特性之后，制作出了很多生产和生活用品。

在汉武帝的时候就有这样一个故事，说胶东有个叫栾大的人，献给汉武帝一种斗棋。这种棋子一放到棋盘上，就会互相碰击，自动斗起来。汉武帝看了非常惊奇，还给栾大封了官。这种棋子就是用磁石做成的，磁石有磁性，能够互相吸引碰击，形成了"斗棋"。

世界上的物质普遍都具有磁性，因为强弱和种类的不同而呈现出不同状态。世界上最大的磁体莫过于我们居住的地球了，地球是一块天然的大磁铁，磁极分别靠近地球的两端，靠近地球北极的是负磁极，靠近地球南极的是正磁极。所以，不管在地球表面的什么地方，拿一根可以自由转动的磁针，在地球磁场的作用下，它的正极总是指向南方，而负极则总是指向北方。根据这一原理，人们发明创造出了指南针。

3. 磁偏角

我国北宋著名的科学家沈括在进行指南针试验的时候，有了一个重大的发现，他发现磁针所指示的方向并不是地理上的正南和正北，而是微微偏西北和东南，这一现象在科学上叫作"磁偏角"。这说明地球这个磁体的两个正负磁极和地理上的南北极并不重合而只是接近，因此，指南针所指示的方向与地理上的正南和正北方向有一定的偏差。

中国古人正是因为最早发现了磁偏角的存在，从而在确定方向时予以校正，使指南针在指向的时候变得更加准确，保证了航向的正确。在西方，直到1492年哥伦布横渡大西洋的时候，才发现了磁偏角的存在，比我国晚了四百多年。

（二）指南针的产生及发展

指南针大约出现于我国的战国时期，最初的指南针被称为"司南"。最早记载于公元前3世纪战国末年的《韩非子·有度》中："故先王立司南，以端朝夕。"其中"端朝夕"为正四方之意。《鬼谷子·谋篇》中也有"郑子取玉，必载司南，为其不惑也"的记载，其中"为其不惑"是"为了不迷失方向"的意思。后来经过不断的发展和改进，在不同的历史时代，指南针也出现了不同的形态。

1. 司南

司南是我国春秋战国时代发明的一种最早的指示南北方向的指南工具，是指南针的始祖。它由一把"勺子"和一个"地盘"组成。司南勺由整块天然磁石制成。它

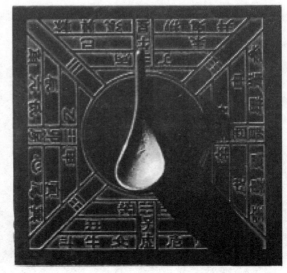

的磁南极那一头被琢成长柄，圆圆的底部是它的重心，琢得非常光滑。地盘是个铜质的方盘，中央有个光滑的圆槽，四周刻着格线和表示二十四个方位的文字。由于司南的底部和地盘的圆槽都很光滑，司南放进了地盘就能灵活地转动，在它静止下来的时候，磁石的指极性使长柄总是指向南方。这就是我们的祖先发明的世界上最早的指示方向的仪器，古人称它为"司南"。其中，"司"就是"指"的意思。

在使用司南的时候首先要把地盘放平，再把司南放在地盘的中间，用手轻轻拨动勺柄，使它轻轻转动，等到司南慢慢停下来，勺柄所指方向就是南方，人们以此来辨别方向。直到8世纪的时候人们仍然在使用这种勺形的司南。

司南的出现是人们对磁体指极性认识的实际应用。但司南也有许多缺陷，天然磁体不易找到，在加工时容易因打击、受热而失磁，所以司南的磁性比较弱，而且它与地盘接触处要非常光滑，否则会因转动摩擦阻力过大，而难于旋转，无法达到预期的指南效果。司南在磨制工艺和指向精度上都受到较多的限制，而且由于司南有一定的体积和重量，所以携带很不方便，这使司南不能广泛流传。

2. 指南鱼

到了北宋，由于军事和航海的需要以及材料与工艺技术的发展，人们在实践中逐渐掌握了人工制造磁体的方法。一块普通的铁在磁石上反复朝一个方向摩擦，便会带有磁性，这就是人工磁化的方法。

　　原来，每一块钢铁里面，一个分子就是一根"小磁铁"。没有磁化的钢铁，它的分子毫无次序地排列着，"小磁铁"的磁性都互相抵消了，对外显示不出磁性。而当把它靠近磁铁时，这些"小磁铁"在磁铁磁力的作用下，都整整齐齐地排列起来，同性的磁极朝着一个方向，这块钢铁就具有磁性了。如果拿一块磁铁，紧紧摩

擦着一根没有磁化的钢针, 并且
方向总是从这一头向另一头
移动, 那么, 由于磁铁
的吸力, 普通钢
针中的分子也
都顺着一个方
向排列起来, 这样,
一块人工磁铁就制成了。

　　而铜、铝等金属由于不具备
这样的结构, 所以不能被磁铁所吸引, 更
不能被磁化, 后来人们在长期的实践中用
人工磁化的方法制造了指南鱼。

　　指南鱼是把一片薄薄的铁片剪成鱼
形, 长二寸, 宽五分, 鱼的肚皮部分凹下
去, 使鱼能像船一样浮在水面上, 然后再
把鱼制作成磁体。这种人工传磁的方法
制成的指南鱼在使用上比司南方便得多,
只要有一碗水, 把指南鱼放在水面上就
能指示方向了。人工磁化方法的发明, 对
指南针的应用和发展起了巨大的作用。

在磁学和地磁学的发展史上也是一件大事。

从司南到指南鱼，从在盘面上转动指南的形式到鱼形铁片在水面上浮动指南的形式，减少了转动时产生的摩擦，提高了指南的灵敏度。虽然通过这种磁化方法得到的磁性还比较弱，限制了指南鱼在实际中的应用，但毕竟是向指南针的发明迈进了一大步。

3. 指南针

在指南鱼之后，人们在实践中不断改进，鱼逐渐被一支缝纫用的小钢针所代替，人造磁体的指南针就这样产生了。经过不断的试验和总结，指南针也不再仅仅漂浮于水上，而是有了更多的存在

形式，这些变化都使指南针的测量精度发生了变化。

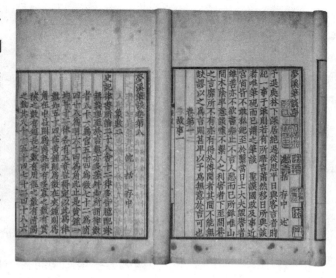

北宋时的著名大科学家沈括，对于指南针的制作和使用，作了许多科学的说明和分析。沈括在他的《梦溪笔谈》中提到他对指南针的用法做过的四种试验，即指甲法、碗唇法、缕悬法和水浮法。

(1)"指甲旋定法"——把钢针放在手指甲面上，轻轻转动，由于手指甲的表面光滑，磁针就能产生指南作用。

(2)"碗唇旋定法"——把磁针放在光滑的碗边上，转动磁针，指示南北。

(3)"缕悬法"——在磁针中部涂上一些蜡，上面粘一根丝线，挂在没有风的地

方，磁针垂于方位盘中心上方，静止时，其两端分别指示南北。

(4)"水浮法"——把指南针放在有水的碗里，使它浮在水面上，静止时，其首尾分别指示南北。

沈括对这四种方法还作了详细的比较，他指出，水浮法的最大缺点是水面容易晃动，进而影响测量结果；碗唇旋定法和指甲旋定法虽然因为摩擦力小，转动灵活，但却容易掉落。沈括比较推崇的是缕悬法，他认为这是比较理想而又切实可行的方法。现在的磁变仪、磁力仪的基本结构原理就是缕悬法。

指南针和司南、指南鱼相比，既简便又实用，形式逐渐稳定下来，以后的各种磁性指向仪器，都是以这种磁针为主体，只是磁针的形状和装置方法不同罢了，古以南方为尊，所以称指南针。在19世纪现代电磁铁出现之前，几乎所有的指南针都是以这种人工磁化的方法制作而成的。

4. 罗盘

随着人们对指南针的不断改进，逐渐发现单单有指南针并不能准确定位方向，还需要有方位盘的配合，这样人们就制造出了更加科学方便的指南仪器——罗盘。

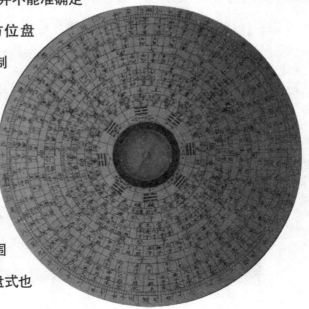

罗盘由磁针和方位盘两部分组成，方位盘盘面周围刻了二十四个方位，盘式也

由方形演变成圆形，盘内盛水，磁针横穿灯草，浮于水面。这样一来，只要看一看磁针在方位盘上的位置，就能准确地断定出方位来。

罗盘中的磁针指南沿用的是沈括实验过的水浮法，所以被称为水罗盘。到了明嘉靖年间又出现了旱罗盘，它是用钉子支住磁针，使支点处的摩擦阻力尽量减少，从而使磁针能够自由地转动。这种有固定支点的指南仪器与司南相似，但在灵敏度上要比司南高得多，而且比水罗盘更适用于航海，因此得到广泛应用，罗盘的出现是指南针发展史上的一大进步。

（三）指南针的应用及传播

1. 指南针的应用

到了元代，人们还编制出了一种航海用的"针路"图，这种"针路"图是在不同的航行地点指南针针位的连线图。船航行到什么地方，采用何种针位方向，一路航线都标识得清楚明白，给船只准确的指引，成为航行的重要依据。

1405年，明代航海家郑和率领庞大的二百四十多艘海船、

二万七千四百名船员组成的船队远航。这些大船被称为"宝船",最大的"宝船"长四十丈,阔十八丈,是当时海上最大的船只。这些船上就有罗盘针和航海图,还有专门测定方位的技术人员。一直到1433年,郑和一共远航七次,访问了三十多个在西太平洋和印度洋的国家和地区。他的这一壮举正是得益于构造先进、读数可靠的指南针来指引航路,才有了顺利完成的保障。

2. 指南针的传播

南宋时,阿拉伯、波斯商人经常搭乘我国的海船往来贸易,逐渐学会了使用指南针。大约在12世纪末的时候,指南针由海上通路传到阿拉伯,并最终由阿拉伯人把这一伟大的发明传到了欧洲。

恩格斯在《自然辩证法》中就曾指出,"磁针从阿拉伯人传至欧洲人手中在1180年左右"。而1180年正是我国南宋时期,中国人首先将指南针应用于航海,比欧洲人至少早了80年。

（四）指南针与地理大发现

指南针传到阿拉伯和欧洲之后，逐渐普及开来，广泛应用于航海、探险等领域，对欧洲的航海业产生了巨大的推动力。

从15—17世纪，在指南针的指引下，欧洲的船队出现在世界各处的海洋上，寻找着新的贸易路线和贸易伙伴，以发展欧洲新生的资本　　主义。在这些远洋探索中，欧洲人发现了许多当时不为人知的国家与地区。与此同时，也涌现出了许多著名的航海家。

1492—1504年，哥伦布在指南针的引导下，四次出海远航，终于发现了美洲大陆，使其成为名垂青史的航海家。1519—1522年,葡萄牙航海家麦哲伦进行了环球航行,实现了历史性的突破。东西方之间的文化、贸易交流开始大量增加,殖民主义与自由贸易主义也开始出现。从此以后,世界格局被打破,美洲的开发和欧洲各国的资本积累在飞速发

展，指南针的西传就像打开新世界的钥匙，使世界版图发生了翻天覆地的变化。

　　指南针的诞生不仅对航海事业的发展有着巨大意义，而且对人类社会的进步也做出了重要贡献。人们从此获得了全天候航行的能力，人类终于可以在茫茫大海中自由地远航，从而迎来了地理大发现的崭新时代。

二、造纸术——书写载体的伟大变革

纸是我们日常生活当中最常用的一种物品，无处不在。无论是书写、阅读，还是生产生活，都离不开纸。即使是现在的网络时代、电子媒介、无纸化办公，纸张仍然占据着不可替代的重要位置。从我们学会写的第一个字、读到的第一本书，到考试答题、证件证书，全都是以纸为载体的。

学习中，书本要用纸，考试要用纸，

复印打印还要用纸。生活上，报纸、面巾纸、卫生纸，样样都是纸。生产上，纸包装、纸口袋，纸的副产品，就连我们使用的"钱"都是纸币。真是无法想象，没有纸的世界会变成什么样子。

经过上千年的发展，现如今纸张及纸制品的发展已经非常完善。印刷用纸、书写用纸、生活用纸；有颜色的、带香味的、高科技含量的，可以说是五花八门，精雕细刻。但最初诞生的纸却是简陋和粗糙的，即使这样，纸的发明仍然成为历史上最伟大的发明之一，为世界文明和历史的发展带来了巨大动力。

（一）纸前书写载体的演变

我们都知道，纸最主要的用途是作

为书写和记事的材料，但是在纸产生之前，人们是怎样进行书写和记事的呢？

　　在没有文字以前，远古的人们进行交流主要是通过语言和手势，记事也只是凭借口耳相传，记忆传承。而后在上古时代，祖先学会了结绳记事。等到文字出现以后，人们就开始用文字来记事了。

1. 甲骨

　　我国发现的最早留有文字记录的材料是甲骨，多为龟甲和兽骨。其中龟甲多为龟的腹甲；兽骨多为牛的肩胛骨，也有羊、猪、虎骨及人骨。我国在新石器时代晚期就已经出现了占卜用的甲或者骨了，到了商代甲骨开始盛行，直到周初或者更晚仍有甲骨。商周时期的甲骨上契刻有占卜的文字——甲骨文。殷墟出土的甲骨已有十五万片左右，距今已有三千多年的历史。殷人惯用甲骨来进行占卜和刻写卜辞。占卜时先在龟甲上或钻或凿出一些孔，再用火来烤这些孔，通过看它的裂纹来定吉凶。最后就在这些孔的附近来记载卜辞，文字简单，字体很小。每片甲骨一般能容五十余字，字数最多有达一百八十字的，其中包含一些关于社会政治经济和科学技术等方面的史料。但是由于甲骨的来源有限，刻字、保管、携带都不方便，所以使用范围非常有限。

2. 金石

随着生产技术的不断提高，青铜器出现了，人们便开始把字铸在青铜器上，以此作为对记事材料的补充。青铜器的种类有很多，钟、鼎、盘、盂、尊、爵等，小的一二斤，大的几百斤或上千斤。在这些器物的内壁上或底部会铸有文字，这就是刻铸在青铜器上的文字——铭文。文字的内容多

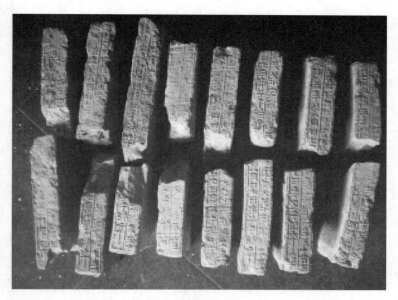

是对获得的荣誉、地位以及赏赐、赠送、交换土地的记录。除了青铜之外，有时还将法律条文的文字刻铸在铁器上，称之为刑鼎。这些刻有铭文的大型重鼎很多都成为传国之宝和权力的象征，具有很高的史料价值。

除甲骨、青铜器、铁器外，中国古代有时还会将文字刻写在玉、石之上，作为文献记录保存下来。1956年冬，山西侯马的东周遗址出土了数百件用红颜料朱砂写在玉版上的文书，古时叫作丹书。除朱

书外还有写在极薄玉版上的墨书。石刻传世最古而且可信的，有秦国的十个石鼓上所刻的石鼓文，刻的是狩猎的诗歌。石鼓文是将文字以刀刻在石上，石质坚硬，不易腐蚀，故原则上可永久保留。秦始皇统一天下后，每到一处，都喜欢把他的功德刻在石上，以示纪念。石刻从汉代以后直到近代，一直流传，具有极高的文史价值和艺术价值。

3. 简牍

由于甲骨和金石的质地都非常坚硬，而且过于笨重，非常不便于书写和保管，所以应用的范围有限。在我国古代使用最多的材料便是简牍。简牍是我国古代遗存下来的写有文字的竹简与木牍的概称。把竹子、木头劈成狭长的小片，再将表面刮削平滑，这种用作写字的狭长的竹片或木条叫作竹简或木简，较宽的竹片或木板叫作竹牍或木牍。简的长度不一样，有的三尺长，有的只有五寸。

经书和法律，一般写在二尺四寸长的简上。写信的简长一尺，所以古人又把信称为"尺牍"。每根简上写的字也不一样多，有的写三四十个字，有的只写几个字。较长的文章或书所用的竹简较多，须按顺序编号、排齐，然后用绳子、丝线或牛皮条编串起来，叫作"策"或者"册"。

在通常情况下，著书立说、传抄经书典籍用竹简，因此简册成为书籍的代称，版牍多用于公文、信札之类。一般只在简的一面写文字，而且只写一行，一枚简多

的写有一百多字, 少的仅有几个字。写好的简用麻绳或丝、熟牛皮绳等进行编连, 依简的长短, 编捆的道数也不同, 一般编上、下两道, 也有上、中、下三道, 个别长简还有用五道的。

简牍上的字大多用墨书写, 也有用朱笔书写的。简牍是中国早期的书籍形式之一。重量比金石轻得多, 阅读和携带也较方便, 竹木材料又价廉易得。由于这些优点, 简牍在很长时间内成为主要的书写材料。东晋末年由于纸的推广使用, 简牍才逐渐被代替。

4. 缣帛

伴随竹木存在的另一种书写载体是缣帛——一种由蚕丝制成的丝织品。缣帛是一种高质量的书写材料, 既轻便又好用, 容字又多, 精致美观, 所以长期被用作书画的载体。但是缣帛价格昂贵, 一般人无法承担, 就连孔圣人都说"贫不及素", 这里的"素", 指的便是缣帛。汉代一匹缣帛（长约十多米，宽不及一米）的价格相当于720斤大米。另外，缣帛虽然美观方便，但也容易虫蛀腐烂，不容易保存。

5. 国外古代的书写材料

在纸出现以前，国外常用的书写记事材料主要有石头、纸草、金属材料、树叶、树皮和树皮毡、羊皮和犊皮等等。古代书写材料流行最广泛的是埃及纸草，这是一种多年生的草本植物，生长在尼罗河流域，可高达6—10英尺。古埃及人把这种草切去根部与茎杆顶端的部分，将茎部从中间劈成两半，然后压扁，再将压扁的杆纵横交错地铺在平板上，共铺两层，在纸草上面滴醋，然后打平，晒干磨光，形成"纸张"，被称为"埃及纸"或"纸草纸"。

羊皮和犊皮是西方国家使用较久的书写材料。前者用绵羊、山羊的皮制成，后者用流产或吃奶的小牛的皮鞣制而成。传说因为得不到埃及纸草，所以就制造羊皮来代替。羊皮后来成为欧洲主要的书写材料之一，古犹太人就用它来书写法律，波斯人也用它来记录国史，甚至文艺复兴后印刷术西传时还用以印刷书籍。

自从文字出现以来，人类在近三千

年的漫长岁月里对书写载体进行了不断的探索和尝试，甲骨、金石、简牍都比较笨重，不方便携带。据说秦始皇一天阅读的奏章，就要整整一车的简牍；缣帛虽然美观轻便，但是成本非常高，也不适宜大量书写。到了汉代，由于西汉的经济、文化迅速发展，这些书写的载体已经无法满足发展的需求，人们迫切需要寻找一种物美价廉的新型书写材料，这就直接促成了纸的发明。

（二）纸的发明

传统意义上真正的纸是用以书写、印

刷、绘画或包装等的片状纤维制品。一般以植物纤维作为原料，在水中经过打浆、叩解，然后在网上交错组合，再经压榨、烘干而成。

据考古发现，早在我国的西汉时期，就已经有了麻质的纤维纸。1957年在西安市东郊灞桥附近的一座西汉墓中出土了一批被称为"灞桥纸"的实物，其制作年代不晚于汉武帝时期，之后在新疆的罗布淖尔和甘肃的居延等地也都发掘出了汉代的纸残片。这些发现都有力地说明，我国劳动人民在西汉时期就已经开始制作纸，但同时我们也看到，纸的发明虽早，但一开始并没有得到广泛的应用，政府文书等仍然是采用简牍和缣帛书写的。

（三）蔡伦造纸

在我国造纸术的发展历程中，东汉时期的蔡伦是我们必须要提到的一位卓越的革新者。蔡伦，字敬仲，湖南耒阳人，我国古代著名的造纸技术专家。东汉和帝时任尚方令，专门负责监制皇宫用的器物。由于经常和工匠接触，劳动人民的精湛技术和创造精神，给了蔡伦很大的影响。他在总结前人造纸经验的

基础上，改进造纸技术，扩大了造纸原料的来源，把树皮、破布、麻头和渔网这些废弃物品都充分利用起来，降低了纸的成本，并且提高了纸张的质量，使纸张为大家所接受。

蔡伦发明的纸，是经过严格的程序制作而成的。《汉代造纸工艺流程图》形象地再现了蔡伦的造纸术。图上将各种造纸原料经水浸、切碎、洗涤、蒸煮、舂捣，加水配成悬浮的纸浆，干燥后即可成纸。具体来说，大约经过五道工序：

第一道：挫，将破布、树皮等原料剪碎或者切断，使其成为碎片和碎粒。

第二道：捣，将挫碎的原料用水浸泡一段时间，加温，并加入石灰、草灰等物，再捣烂成浆。

第三道：打，用木棒、石臼等工具将捣成糊状的原料捣打、碾烂，使其纤维分丝帚化，增强纤维间的结合力。

第四道：抄，用水将碾打的纸浆稀释，然后均匀地摊在平整的木板、竹席或者其他物件上，再经水漂洗成薄片，使其附在木板、竹席之上。

第五道：烘，将附在木板、竹席之上的薄片在太阳下晒干，或者用火烘干。

蔡伦用这种方法制造出来的纸，体质轻

薄，色白柔软，能够折贴，又便于剪裁，很适合写字。制作的原料又是以废物为主，价格低廉，便于推广，工艺流程也不复杂，易于制造，因此受到了普遍欢迎。

东汉元兴元年（105年），蔡伦把他制造出来的一批优质纸张献给汉和帝刘肇，汉和帝看后非常赞赏蔡伦的才能，马上通令天下采用。这样，蔡伦的造纸方法很快传遍各地。蔡伦也因此而被奉为造纸祖师，受到后人的纪念和崇敬。

纸的发明是人们长期实践的结果，蔡伦则是这一发明的总结和推广人，他的功绩在造纸史上留下了光辉的一页，受到了后人的尊敬和怀念。

(四) 纸的发展

蔡伦献纸之后，汉和帝下令在全国推广，纸成为了竹简、木牍、绢帛的有力竞争者，逐渐成为主要的文字书写载体。到东汉末年，东莱有个叫左伯的人对以往的造纸方法作了改进，进一步提高了纸张质量。他造的纸张洁白、细腻、柔软、匀密、色泽光亮、纸质很好，世称"左伯纸"，其中尤其以五色花笺纸、高级书信纸为上。东晋末年 (404年)，朝廷下令以纸代简，

简牍文书从此基本绝迹，纸则得到广泛的发展流行，成为官方文书的载体。3-4世纪，纸已经基本取代了帛、简而成为我国唯一的书写材料，有力地促进了我国科学文化的传播和发展。

1. 魏晋南北朝时期

到魏晋南北朝时期，纸张广泛流传，普遍为人们所使用，纸的品种、产量、质量都有增加和提高。造纸技术得到进一步的提高，造纸区域也由晋以前集中在河南洛阳一带而逐渐扩散到越、蜀、扬及皖、赣等地。

造纸的原料来源更加多样化。史书上曾论及到这时期的一些纸种，如抄写经书用的白麻纸和黄麻纸，枸皮做的皮纸，藤类纤维做的剡藤纸，桑皮做的桑根纸，稻草做的草纸等。我国在魏晋南北朝时期，麻、枸皮、桑皮、藤纤维、稻草等已普遍用作造纸原料。

在造纸的设备方面，继承了西汉的抄纸技术，出现了更多的活动帘床纸模。用一个活动的竹帘放在框架上，可以反复捞出成千上万张湿纸，提高了工效。在加工制造技术上，加强了碱液蒸煮和舂捣，改进了纸的质量，出现了色纸、涂布纸、填料纸等加工纸。

为了延长纸的寿命，晋时已发明了染纸新技术。染纸时，从黄蘗中熬取汁液，浸染纸张。浸染的纸叫染潢纸，呈天然黄色，所以又叫黄麻纸。黄麻纸有灭虫防蛀的功能。6世纪的《齐民要术》中，贾思勰还专门记载了造纸原料楮皮的处理和染潢纸的技术。

2. 隋唐时期

到了隋唐时期，政治、经济、文化都

空前繁荣，造纸业也进入了一个昌盛时期，纸的品种不断增加，除麻纸、楮皮纸、桑皮纸、藤纸外，还出现了檀皮纸、瑞香皮纸、稻麦秆纸和新式的竹纸。这一时期生产出许多名纸及大量的艺术珍品。

造纸原料方面则以树皮使用最为广泛。主要是楮皮和桑皮，也有用沉香皮及栈香树皮的记载。藤纤维造纸也广为使用，但到了晚唐时期，由于野藤大量被砍

伐，又无人管理栽培，致使原料供不应求，藤纸逐渐消失。而在我国南方一些产竹地区，竹材资源丰富，竹纸得到了迅速发展。

隋唐时期还出现了著名的宣纸。宣纸以安徽宣城而得名，但宣城本身并不产纸，而是其周围各地产纸，都以宣城作为集散地，所以称宣纸。关于宣纸的诞生还有这样一个传说：蔡伦的徒弟孔丹，在皖南以造纸为业，他一直想制造一种特别理想的白纸，用来为师傅画像修谱，以表缅怀之情，但经过多次试验都未能成功。一次，他在山里偶然看到有些檀树倒在山涧旁边，由于经流水终年冲洗，树皮腐烂变白，露出缕缕长而洁白的纤维，他得

到启示，取这种树皮造纸，终于获得了成功。

南唐后主李煜，曾亲自监制"澄心堂纸"，是宣纸中的珍品。它"肤如卵膜，坚洁如玉，细薄光润，冠于一时"。用宣纸写字则骨神兼备，作画则神采飞扬，成为最能体现中国艺术风格的书画纸，到明清以后，中国书画几乎全部使用宣纸。

隋唐时期由于雕版印刷术的发明，印刷业渐渐兴起，印刷了大量的书籍，这就更加促进了造纸业的发展，纸的产量、质量都有所提高，价格也不断下降，各种纸制品层出不穷，开始普及于人们的日常生活中。名贵的纸中有唐代的"硬黄"、五代的"澄心堂纸"等，还有水纹纸和各种艺术加工纸，反映出造纸技术的提高。

3. 宋元明清时期

在宋元和明清时期，楮纸、桑皮纸等皮纸和竹纸非常盛行，消耗量很大。宋代后期的市场上大部分都是竹纸，需求之

大可见一斑。就纸的产区而言，四川、浙江、江西、福建、广东、湖南、湖北等地为主要产区，最繁盛的地方首推浙江和四川两地。宋代竹纸在工艺上大多无漂白工序，纸为原料本色，除色黄之外，竹纸也有性脆的缺点。

元明时期竹纸兴盛，尤以福建发展最为突出，使用了"熟料"生产及天然漂白，使竹纸产量大有改进。

这一时期造纸用的竹帘多用细密竹

条,造出的纸也必然细密匀称,这就对纸的打浆度提出了较高的要求。而先前唐代用的施胶剂多为淀粉糊剂,兼有填料和降低纤维下沉槽底的作用。到宋代以后则多用植物黏液做"纸药",使纸浆均匀,常用的"纸药"是杨桃藤、黄蜀葵等的浸出液。这种技术虽早在唐代就已经开始采用,但在宋代以后才盛行起来,以致后来

不再采用淀粉糊剂了。

清代由于造纸业的大发展, 麻及树皮等传统造纸原料已经不能满足需要了, 在清代占据主导地位的是竹纸, 其他草浆也有发展。在清末有些居民采用当地的野生草类植物来制造粗草纸。河南、山东、山西等地有人用麦草、蒲草; 陕西、甘肃、宁夏有人用马莲草; 西北用芨芨草; 东北用乌拉草等, 种类繁多。而我国用蔗渣造纸则始于清末,《清朝续文献通考》中, 就有关于张东铭在徐家坡设一造纸厂以蔗渣为原料的记载。清代的草浆生产技术有了较大进步, 用仿竹浆、皮浆的精制方法制取漂白草浆。

著名的泾县宣纸就是用一定配比的精制稻草浆和檀皮浆抄制而成，其生产工序一直延续至今。

各地的造纸大都就地取材，使用各种原料，制造的纸张名目繁多。在纸的加工技术方面，如施胶、加矾、染色、涂蜡、研光、洒金、印花等工艺，都有进一步的发展和创新。各种笺纸也再次盛行起来，在质地上比较推崇白质地和淡雅色质地，色以鲜明静穆为主。清代的笺纸制作已经达到了精美绝伦的程度，如描金银图案的粉蜡笺、五彩描绘的研光蜡笺、印花图绘染色花笺等等。

随着造纸技术

的提高，纸的用途也在逐步扩大，除了书画、印刷和日用外，我国还最早在世界上发行了纸币。这种纸币在宋代被称为"交子"，元明后继续发行，后来世界各国也相继发行了纸币。明清时期用于室内装饰用的壁纸、纸花、剪纸等，都各具特色，非常美观，并且行销于海内外。

经过宋元和明清时期数百年的发展，到清代中期，我国手工造纸技术已经相当发达，生产的纸张质量上乘，品种繁多，成为中华民族古代科技发明的重要成果，为文化的传播奠定了坚实的基础。

（五）造纸术的传播

纸在我国诞生和大量生产后，引起了全国乃至全世界范围内的书写材料大变革。随着中外经济、政治、文化、宗教的交流，我国的造纸术开始向外传播。首先传入与我国毗邻的朝鲜和越南，随后传到日本。在蔡伦改进造纸术后不久，朝鲜和越南就有了纸张。原料纸浆主要从藤条、竹子、麦秆等中的纤维提取。

大约4世纪末，百济在中国人的帮助下学会了造纸，不久高丽、新罗也掌握了造纸技术。此后高丽造纸的技术不断提高，到了唐宋时，高丽的皮纸反向中国出口。西晋时，越南人也掌握了造纸技术。610年，朝鲜和尚昙征渡海到日本，把造纸术献给日本摄政王圣德太子，圣德太子下令全国推广，后来日本人称他为"纸

神"。造纸术除了向东传播外，还向南传播到了中亚的一些国家，并通过贸易传播到了印度。

8世纪中叶，造纸术经中亚传到了阿拉伯。751年，唐朝和阿拉伯帝国爆发战争，阿拉伯人俘获几个中国的造纸工匠。没过多久，造纸业便在撒马尔罕和巴格达兴起，造纸技术也逐渐在阿拉伯世界各地传开。

造纸术最早通过阿拉伯人传到了欧洲，首先接触纸和造纸术的是阿拉伯人统治下的西班牙。1150年，阿拉伯人在西

班牙的萨狄瓦，建立了欧洲第一个造纸厂。1276年意大利的第一家造纸厂在蒙地法罗建成，开始生产麻纸。1348年，法国在巴黎东南的特鲁瓦附近建立造纸厂。德国是14世纪才有自己的造纸厂。造纸技术传入英国比较晚，到了15世纪英国才有了自己的造纸厂。到了17世纪，欧洲主要国家都有了自己的造纸业。西班牙人移居墨

西哥后，最先在美洲大陆建立了造纸厂，墨西哥造纸始于1575年。美国在独立之前，于1690年在费城附近建立了第一家造纸厂。

美国出版的《纸——进步的带头人》一书中写道："从公元二世纪初中国发明造纸后，这秘密保守了很长时间，然后像蜗牛似的，缓慢地向世界传播。从亚洲(东部) 到巴格达、开罗、摩洛哥, 已经历1000年，再经过400年才传遍欧洲，又过200年才到美国。"

到了16世纪，纸张在欧洲已经得到广泛使用，并最终取代了传统的羊皮和埃及的莎草纸等。此后，纸便逐步在全世界流传开来。

（六）纸的价值

自从纸张出现以后，就成为人类文化交流和传播的有效工具，从此，人们便可以简单便捷地书写文字、表达思想；可以使知识在平民百姓中得到普及和传递；可以让文学和艺术得到前所未有的繁荣和兴旺。

造纸术的发明与传播，为人类大量文化成果的传承提供了条件，使书籍、文献资料的数量剧增，为我国的另一项重大发明——印刷术的出现提供了必要的物质前提。纸对全人类社会历史的记载与保存、文化思想与学术技艺的传播交流，都发挥着无比重要的作用。

　　纸的诞生，是人类书写载体的伟大变革，是人类文字的理想家园，从此，所有的科学和文化都有了进步的基石，所有的知识都有了传承的条件。我国古代的劳动人民为世界文化的发展作出了重大的贡献。

三、印刷术——文化传播的革命

当我们翻开书籍，打开杂志，映入眼帘的是清晰的文字和精美的图片，内容丰富，色彩缤纷。当我们走在街上，绚丽的广告牌，印有搞笑图案的服饰，无时无刻不在吸引我们的双眼。而这些精美的文字和图案之所以能够呈现在各种各样的载体上，还要归功于现代印刷技术的发展。印刷术在我国有着悠久的历史，它是我国古代四大发明之一，从诞生到发展，印刷术为人类文化的传播和交流作出了巨大的贡献，成为文化传承过程中的一朵绚丽的奇葩。

（一）印刷术简介

在印刷术发明之前，文化的传播主要依靠手抄的书籍。手抄不仅费时、费事，而且又容易抄错、抄漏，书籍抄本的数量有限，更无法大批量复制，严重制约着信息的传播，给文化发展带来了阻碍，这种情况一直到印刷术的出现才得以改观。

印刷术是一门将文字、图画、照片等

原稿经制版、施墨、加压等工序，使油墨转移到纸张、织品、皮革等材料表面，进行批量复制原稿内容的技术。印刷术最早始于我国隋朝的雕版印

刷，后来经过宋仁宗时期的毕昇大力发展、完善后产生了活字印刷，并由蒙古人传到了欧洲，所以后人称毕昇为印刷术的始祖。中国的印刷术是人类近代文明的先导，为知识的广泛传播、交流创造了条件。

（二）印刷术的起源

在印刷术诞生之前，我国古代就已经存在许多复制文字的技术，比如用印章在泥土和纸上盖印文字，用镂花版在纺

织物或纸上取得重复的文字和图案，在石碑上拓取碑文等等。这些方法都是雕版印刷术发明的先导。

1. 印章

我国古代的印章是雕版印刷的源头，为印刷术的发明提供了直接的经验启示。印章是一种印于文件上表示鉴定或签署的文具，一般印章都会先沾上颜料再印，如果不沾颜料、印上平面后会呈现凹凸的称为干印，有些是印于蜡或火漆上，有些则是用力压印于纸上，令纸的表面有凹凸。

印章在先秦时就有，一般只有几个字，表示姓名、官职或机构。印文均刻成繁体，有阴文、阳文之别。所用材料有铜、石料、骨料和木料等。早期的印章是用作家族的标志、地位的象征、饰物佩带或用作封泥。秦汉时，由于雕刻工艺的发展，反刻文字的印章已经非常普遍，人们还学会了用木戳在铜范和陶量器上印制铭文，有的多达数百字。

在纸没有出现之前，公文或书信都写在简牍上，写好之后，用绳扎好，在结扎处放黏性泥封结，将印章盖在泥上，称为泥封，泥封就是在泥上用印章进行印刷，这是当时保密的一种手段。纸张出现之后，泥封演变为纸封，在几张公文纸的接缝处或公文纸袋的封口处盖印。晋代著名炼丹家葛洪在他著的《抱朴子》中提到，道家那时已用了四寸见方有120个字的大木印了，这样的印章已经相当于一块小型的雕版了。佛教徒为了使佛经更加生动，常把佛像印在佛经的卷首，这种手工木印比手绘省事方便得多。

2. 印染

中国的印染术历史悠久，种类繁多。印染是在木板上刻出花纹图案，用染料将图案印在布上。中国的印花板有凸纹板和镂空板两种。早在1834年法国的佩罗印花机发明之前，我国就一直拥有发达的手工印染技术。1972年湖南长沙马王堆一号汉墓（公元前165年左右）出土的两件印花纱就是用凸纹板印制的。

在这些种类繁多的印染工艺中，不仅有染有印，还有依稀可见的刷印。而这些织物的刷印，很可能就是世界上最早的印刷术。

3. 拓印

远在公元前2000年，重大事件的记载便已被镌刻于骨板、青铜、砖瓦、陶瓷、木料以及玉石之上，用以保存文字和图像，而镌刻长篇碑文最多的质材当推石料。

东汉时期石刻流行，出现了刻字的石碑。有人看到互相传抄的书籍错误很多，就决定利用石碑来补救这个缺点。汉灵帝熹平四年(175年)，蔡邕和一些官员一道要求朝廷把一些儒家的经典刻在石碑上，作为校正经书文字的标准本，宣扬儒家思想。于是刻有七部儒家经典的46块石碑，竖立在了当时的最高学府——洛阳鸿都门外的太学前面，石碑上共二十余万字，分刻于正反两面，每块石碑高175厘米、宽90厘米、厚20厘米，工程历时八年，全部刻成。

这样一来，许多人都赶去抄写石碑上的文章，或者拿着书去校对。石碑刚刚立起来的时候，每天都有一千多乘车辆，载着人前来观看摹写，车水马龙，十分拥挤。

后来人们发现在石碑上盖一张微微湿润的纸，用碎布、帛絮包扎成一个小拳头样的槌子，在石碑上轻轻地捶拍，使纸陷入碑面文字的凹陷处，待纸干燥后再用布包上棉花，蘸上墨汁，在纸上轻轻拍打，纸面上就会留下黑底白字，跟石碑上的字迹一模一样，这就是拓碑，复制下来的纸张称为拓片。这样复制的方法比手

抄简单、便捷，而且更加可靠。人们用纸将经文拓印下来，收藏和出售，使拓印广为流传。石碑越来越多，拓印的方法也越来越普遍。后来人们又把石碑上的文字刻在木板上，再加以拓印。这当然比把字刻在石碑上更加经济方便。

拓印术的出现，为印刷术的发明提供了在纸上刷印的复制方法，已经具备了印刷术中的基本要素，是一套完整的、有刷有印的工艺技术。与雕版印刷相比，它们有很多的相似之处，都需要原版、纸、墨等条件，其目的也是大批量地复制文字和图像。然而，碑刻的文字是凹下的阴文，雕版印刷的印版是凸起的阳文，复制下来的拓印品为黑底白字，雕版印刷品则为白底黑字。拓印品的幅面往往比雕版印刷品的幅面大，在速度上也远不如雕版印刷,所以拓印术还不能看作是一种印刷方法,而只是雕版印刷的雏形。

(三)雕版印刷

1. 雕版印刷的产生

在印章、印染和拓印技术的相互融合、启发下,大约在隋朝,雕版印刷技术应运而生。

雕版印刷的版料,一般选用纹质细密坚实的木材,比如枣木、梨木等等。雕版时,在一定厚度的平滑木板上,粘贴上抄写工整的书稿,薄薄的稿纸正面和木

板相贴，字就成了繁体，笔画清晰可辨。雕刻工人用刻刀把版面没有字迹的部分削去，就成了字体凸出的阳文，和字体凹入的碑石阴文截然不同，板面所刻出的字约凸出版面1—2毫米。用热水冲洗雕好的板，洗去木屑等，刻板过程就完成了。印刷的时候，在凸起的字体上涂上墨汁，然后覆上纸，另外拿一把干净的刷子轻轻拂拭纸背，字迹就留在了纸上，印出了文字或图画的正像，将纸从印板上揭起，阴干，一页书就印好了。一个印工一天可印1500—2000张，一块印板可连印万次。一页一页印好以后，装订成册，一本书也就完成了。这种印刷的方法，是在木板上雕好字再印，所以大家称它为"雕版印刷"。

雕版印刷的发明时间，历来是一个有争议的问题，大多数专家认为雕版印刷的起源时间在590—640年之间，也就是隋朝至唐初。

根据明朝时候邵经邦《弘简录》一书的记载：唐太宗的皇后长孙氏收集封建社会中妇女的典型事迹，编写了一本叫《女则》的书，贞观十年（636年）长孙皇后死后，唐太宗下令用雕版印刷把它印出来。这是我国文献资料中提到的最早刻本。从这个资料来分析，当时民间可能已经开始用雕版印刷来印行书籍了。雕版印刷发明的年代，应该要比《女则》出版的年代更早。

2. 雕版印刷的发展

到了9世纪时，我国用雕版印刷来印书已经非常普遍。唐穆宗长庆四年，诗人元稹为白居易的《长庆集》作序中有"牛童马走之口无不道，至于缮写模勒，炫卖于市井"。"模勒"就是模刻，"炫卖"就是叫卖。这说明当时白居易的诗的传播，除了手抄本之外，已有印本。

唐朝刻印的书籍，现在保存下来的

只有一部咸通九年刻印的《金刚经》。1900年，在敦煌千佛洞里发现一本印刷精美的《金刚经》末尾题有"咸通九年四月十五日"等字样，距离现在已有一千多年。这是目前世界上现存的最早有明确日期记载的印刷品。这部《金刚经》卷首刻有一幅画，上面画着释迦牟尼对他的弟子说法的传说故事，神态生动，后面是《金刚经》的全文。这卷印品雕刻精美，刀法纯熟，图文浑朴凝重，印刷的墨色也浓厚匀称，清晰鲜明，刊刻技术已达到较高水平。

宋代的雕版印刷发展到全盛时代，各种印本繁多。技术臻于完善，尤其以浙江的杭州、福建的建阳、四川的成都刻印质量最高。宋太祖开宝四年(971年)，张徒信在成都雕刊全部《大藏经》，费时22年，总计一千零七十六部，五千零四十八卷，雕版达十三万块之多，是早期印刷史上最大的一部书，以此可以看出当时印刷业的规模之大。宋朝雕版印刷的书籍，字体整齐朴素，美观大方，为人们所喜爱。

雕版印刷术诞生之后，得到了广泛运用，历朝历代，上至官府，下至平民，制版刻书之风延续不绝，直到中国封建时代的终结。雕版除用于印刷文字外，还广泛用于印制各种图画。宋代开始，雕版还不时用于印制纸钞。此外，除传统木刻雕版外，历史上也还出现过金属材料制作的雕版。上海博物馆收藏有北宋"济南刘家功夫针铺"印刷广告所用的铜版，可见当时已经掌握了雕刻铜版的技术。与木版相比，金属雕版虽然坚硬耐磨，但制版困难，着墨性能不佳。因此，传统印刷中，

使用的大都是木刻雕版。

3. 彩色印刷

雕版印刷在开始时只有单色印刷，五代时有人在插图墨印轮廓线内用笔添上不同的颜色，以增加视觉效果。天津杨柳青版画现在仍然采用这种方法生产。将几种不同的色料，同时上在一块板上的不同部位，一次印于纸上，印出彩色印张，这种方法称为"单版复色印刷法"。用这种方法，宋代曾印过"交子"，即用朱墨两色套印的纸币。

这种单版复色印刷的方法，色料容易混杂渗透，而且色块界限分明，显得呆板。人们在实践中，探索出了分版着色，分次印刷的方法。用大小相同的几块印刷板分别载上不同的色料，再分次印于同一张纸上，这种方法称为"多版复色印刷"又称"套版印刷"。"多版复色印刷"的发明时间不会晚于元代。

当时，中兴路（今湖北江陵县）所刻

的《金刚经注》就是用朱墨两色套印的，这是现存最早的套色印本。到16世纪末，套版印刷广泛流行，在明代获得了较大发展。清代套色印刷技术又得到了进一步提高。这种套色技术与版画技术相结合，便生产出光辉灿烂的套色版画。明末《十竹斋书画谱》和《十竹斋笺谱》都是古版画的艺术珍品。

（四）活字印刷

1. 活字印刷的发明

雕版印刷的发明大大提高了印刷复制的速度，一版能印几百部甚至几千部书，对文化的传播产生了巨大的推动作用，但同时雕版印刷也存在明显的缺点。第一，刻版费时费工，大部头的书往往要花费几年的时间去雕刻。第二，大量的版片存放要占用很大的地方，而且常会因变形、虫蛀、腐蚀而损坏。如果遇到印量少而又不需要重印的书，会造成版片的浪费。第三，印制过程中如果发现雕版有错别字，更改起来非常困难，需要把整块版重新雕刻。随着印刷品种和数量的急剧增长，雕版印刷所耗费的人力物力也相当可观。

于是，人们开始寻求一种更加简便、更加经济的印刷技术。直到宋仁宗庆历年间（1041—1048年），发明家毕昇总结历代雕版印刷的丰富实践经验，经过反复试验，发明了一种更先进的印刷方法——活字印刷术，实行排版印刷，使我国的印刷技术大大提高，完成了印刷史上一项重大的革命。

北宋平民出身的毕昇，用质细且带有黏性的胶泥，做成一个个四方形的长柱体，在上面刻上反写的单字，一个字一个印，放在土窑里用火烧硬，形成活字。排版时先预备一块铁板，铁板上放松香、蜡、纸灰等混合物，铁板四周围一个铁框，然后按照文章内容，在铁框内将要印的字依顺序排好，摆满就是一版。排好后将版用火烘烤，使松香和蜡等熔化，与活字块结为一体，趁热用平板在活字上压一压，使字面平整，它同雕版一样，只要在字上涂墨，就可以进行印刷了。印刷结束后把活字取下，下次还可以继续使用。这种改进之后的印刷术就叫作活字印刷术。

为了提高效率，常准备两块铁板，组织两个人同时工作，一块板印刷，另一块板排字。印完一块，另一块又排好了，两块铁板交替使用，效率非常高。常用的字如"之""也"等，每字制成二十多个活字，以备一版内有重复时使用。没有准备的生僻字，则临时刻出，用草木火马上烧成，非常方便。印过以后，把铁板再放在火上烧热，使松香和蜡等熔化，把活字拆下来，下次继续使用。为便于拣字，从印板上拆下来的字，都放入同一字的小木

格内，外面贴上按韵分类的标签，以备检索。毕昇起初用木料作活字，实验发现木纹疏密不一，遇水后易膨胀变形，和药剂粘在一起不容易分开等问题，后改用胶泥。用这种方法在进行大批量的印刷时，效率非常高。不仅节约了大量的人力、物力，而且可以大大提高印刷的速度和质量，比雕版印刷要优越得多。

这就是最早发明的活字印刷术。这种胶泥活字，称为泥活字，毕昇发明的印书方法和今天的比起来，虽然很原始，但是活字印刷术的三个主要步骤：制造活字、排版和印刷，都已经具备。所以，毕昇在印刷方面的贡献是非常了不起的。北宋时期的著名科学家沈括在他所著的《梦溪笔谈》里，专门记载了毕昇发明的活字印刷术。

活字制版避免了雕

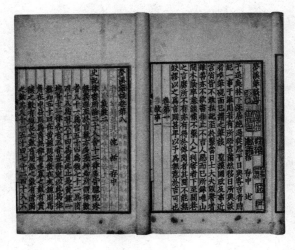

版的不足，只要准备好足够的单个活字，就可以随时拼版，大大加快了制版的时间。活字版印完后，可以拆版，活字可重复使用，且活字比雕版占有的空间小，容易存储和保管，这样活字的优越性就表现出来了。

2. 活字印刷的发展

元代著名的农学家与机械学家王祯随后发明了木活字，在他留下的一部总结古代农业生产经验的著作《农书》中记载了关于木活字刻字、修字、选字、排字、印刷的方法。他将木字雕刻完成之后，用小刀修成一般的高低大小，排字时用竹片和小木楔加固，这种木活字的印刷、使用效果都很好。王祯在安徽旌德请工匠刻制了三万多个木活字，于元成宗大德二年（1298年）试印了六万多字的《旌德县志》，不到一个月就印了一百部，可见效率之高，这就是留有记录的第一部木活字印本。

王祯在印刷技术上的另一个贡献是发明了转轮排字盘。用轻质木材做成一个大轮盘，直径约七尺，轮轴高三尺，轮盘装在轮轴上可以自由转动。把木活字按古代韵书的分类法，分别放入盘内的

一个个格子里。王祯做了两副这样的大轮盘，排字工人可以坐在两副轮盘之间，转动轮盘即可找字，这就是王祯所说的"以字就人，按韵取字"。转盘排字方法既提高了排字效率，又减轻了排字工的体力劳动，是排字技术上的一次重大革新。

到明清两代，木版活字印刷更加盛行。乾隆三十八年(1773年)，清政府曾经用枣木刻成二十五万多个大小活字，先后印成《武英殿聚珍版丛书》一百三十八种，共计两千三百多卷，这是中国历史上规模最大的一次木版活字印书。

木版活字之后，又相继出现了金属活字，铅、锡、铜都被用作造字的材料，使活字印刷得到了改进。明代弘治元年(1488年)出现了铜活字，最大的工程要算印刷数量达万卷《古今图书集成》了，估计用铜活字达100-200万个。16世纪初，出现了铅活字，使印刷技术进入了一个新时代。

我国的印刷术经过雕版印刷和活字印刷两个阶段的发展后，技术逐渐成熟，应用广泛，大大提高了书籍复制和传播的速度，成为现代印刷术的鼻祖。

（五）印刷术的传播与改进

中国的印刷术诞生之后，朝鲜在10-11世纪首先从中国引进了雕版印刷，印制了很多书籍。元朝统治者在征服朝鲜后，中国和高丽间的经济、文化交流十分频繁。据朝鲜的文献记载"活板之法始于沈括"，也就是说朝鲜的活字印刷来自中国毕昇的发明。此后朝鲜设置铸字所，大力发展活字印刷，到了13世纪，朝鲜首先使用了铜活字，之后还创造了铅活字、铁活字等，对活字印刷的发展作出了贡献。

8世纪，我国的雕版印刷传入日本。日本至今尚保存有770年雕版印刷的《陀罗尼经》，16世纪前后在中国和朝鲜的影响

下, 开始了活字印刷, 主要使用木活字。除汉字外, 又依民族特点发展了日本假名活字。

我国的印刷术不仅向东方传播, 而且远播西方各国。随着经济、文化交流的频繁, 雕版印刷技术经中亚传到波斯, 大约12世纪又由波斯传到埃及。波斯成了中国印刷技术西传的中转站, 14世纪末欧洲才出现用木版雕印的纸牌和学生用的拉丁文课本。

印刷技术传到欧洲, 加速了欧洲社会发展的进程, 为文艺复兴的出现提供了条件。马克思把印刷术、火药、指南针的发明称为"是资产阶级发展的必要前提"。中国人发明的印刷技术为现代社会的建立提供了必要前提。

在中国发明的雕版印刷和活字印刷

的影响下，1450年前后，德国人约翰·古登堡用铅锡合金制作拉丁文活字和木制印刷机械，印刷《圣经》等书。当时，中国和朝鲜已经出现了铅活字，但古登堡不仅使用铅、锡、锑来制作活字，而且还制作了铸字的模具，因此制作的活字比较精细，使用的工具和操作方法也很先进。不仅如此，他还创造了压力印刷机并研制了专用于印刷的脂肪性油墨。由于古登堡的一系列创造发明，对活字印刷的发展和在欧洲的传播作出了杰出贡献，从而成为了举世公认的现代印刷术的奠基人，他所创造的一整套印刷方法，一直沿用到19世纪。

为了进一步提高印刷的效率，1887年，美国人托尔伯特·兰斯顿发明的铸排机代替了手工排版。19世纪问世的采用滚动方式印刷机器代替了早期的平压式印刷机，为世界印刷业迎来了大发展。

(六) 印刷术的深远意义

印刷术的发明和发展，为人类文明的传播提供了技术保障，为人类思想的进步带来了机会。现代文明的每一步发展，都与印刷术的应用和传播密切相关。

1. 印刷术与书籍的传播

印刷术诞生后，书籍的生产速度得到了较大提高，生产成本也明显降低，这些优势使书籍的产量大大增加。同时由于印本的大量生产，书籍留存的机会也增多了，减少了因为手写本收藏有限而遭受绝灭的可能性。

印刷术的应用和发展使得书籍的外在形式得到统一；版面标准化、字体固定、校勘仔细，在雕版印刷之后产生了大量的好版本。这些都使读者养成了系统的思想方法，使各种不同学科组织的结构方式得以形成。

这些对书籍传播的思想结构、社会科技与文化的发展、人们接受信息的方式等也都产生了很大影响, 促进了社会变革, 推动了世界文明的进步。

2. 印刷术与教育的传播

印刷术使书籍的数量增多, 同时促进了教育的普及和知识的推广。书籍的生产成本降低, 价格便宜, 图书不再是只有富人才能拥有的奢侈品了, 书籍普及使更多的人提高了阅读能力和书写能力, 反过来又扩大了书籍的需求。这使更多的人获得了接受学习教育的机会, 也因此影响了他们的人生观和世界观, 教育垄断的状况结束了。学术、教育从统治阶层中解放出来, 更多有利于生产发展的文学、艺术、科学的读物迅速增加。

3. 印刷术与思想的传播

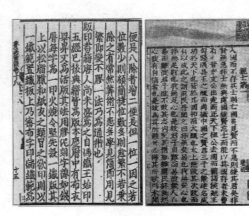

由于印本的广泛传播和读者数量的增加, 统治阶级对学术的垄断开始遭到世人的挑战。宗教著作

的优先地位也逐渐被人文主义学者的作品所取代，新学问、新思想得到了建立、发展的基础。神学的垄断地位受到掌握着传播手段的人文学者的极大冲击，预示一场时代变革的来临。

印刷术的发明和使用，对欧洲的思想和社会产生了十分重大的影响，促进了宗教改革和文艺复兴。

印刷术是人类近代文明的先导，它为知识的广泛传播和交流创造了条件，为社会文化面貌的改变带来了可能，它将人类的经验知识传播到世界的每一个角落，将文明的甘霖撒播到每一个人的心田，至此，人类告别了蒙昧闭塞的时代，以崭新的姿态向前迈进。

四、火药——热兵器时代的来临

　　提起火药，大家就会联想到硝烟弥漫的战场，联想到电光石火的争战和震耳欲聋的炮声，火药巨大的威力总是让人感到震撼和紧张。但威力如此巨大的火药在最初诞生时可不是为了战争和制造武器，纯粹是一个偶然发现。

（一）火药简介

火药又被称为黑火药，是早期炸药的一种，因燃烧时有烟，故也称有烟火药，主要是硝酸钾、硫磺、木炭三种粉末按一定比例混合的混合物。这种混合物着火易燃，在适当的外界能量作用下，自身能进行迅速而有规律的燃烧，燃烧时生成大量高温的燃气，具有爆破作用和推动作用，能够使物体以一定的速度发射出去，力量很大。

火药在军事上主要作为枪弹、炮弹的发射药和火箭、导弹的推进剂及其他驱动装置的能源，是弹药的重要组成部分。现在火药虽然已经被无烟火药和TNT等炸药取代，但是还有少量作为烟花、鞭

炮、模型火箭以及仿古的前膛上弹枪支的发射药在生产使用。

我国是最早发明火药的国家，距今已有一千多年的历史。火药正式出现于9世纪的唐朝，具体的诞生时间和发明人已无从考察，但我们可以肯定的是，火药的诞生与我国古代的炼丹术密不可分。从战国开始一直到汉初，帝王贵族总是沉醉于得道成仙或是长生不老的幻想，驱使一些方士道士开始炼就"不老仙丹"，结果"仙丹"没有炼成，却因为不断尝试而发现了一种"能着火的药"，这就是后来成为我国古代四大发明之一的火药。

（二）火药的组成

火药的主要成分是硫磺、硝石和木炭。古人在很早以前就对这三种物质有了一定的认识，这种认识为后来火药的发明准备了条件。

古人在烧制陶器、冶金的过程中逐渐认识了木炭，发现木炭的灰分比木柴少，而且强度高，是比木柴更好的燃料，开始广泛使用。

硫磺是天然存在的物质，人们在生产和生活中接触的机会很多，比如温泉中释放的硫磺气味，冶炼金属时逸出的二氧化硫刺鼻难闻，都会给人留下深刻的印象，所以人们很早就会开采硫磺了。

硝石是一种天然矿物，主要成分是硝酸钾，硝的化学性质活泼，能够和很多物质发生反应，对于硝的性质古人掌握

得比较早, 并且在实践中还总结了一些识别硝石的方法。南北朝时陶弘景的《草木经集注》中就写道: "以火烧之, 紫青烟起, 云是硝石也。"

硝石和硫磺曾经一度被当做重要的药材使用, 在汉代的《神农本草经》中, 硝石被列为上品中的第六位, 认为它能治二十多种病。硫磺被列为中品药的第三位, 也能治十多种病。虽然人们对硝石、硫磺和木炭的性质都有一定的认识, 但是将它们按一定比例混合在一起制成火药还得归功于古代炼丹家的发现。

(三) 火药与炼丹术

火药的诞生源于古代的炼丹术。炼

丹术是一种古代炼制丹药的技术，它采用将药物加温升华的方法来制造丹药，以求"得道成仙、长生不老"的灵丹妙药。炼丹术早在公元前2世纪就产生了，战国时期就有关于方士求"不死之药"的记载。自秦始皇、汉武帝广招方士，寻求长生不老之术以后，炼丹术便开始盛行，方士们为了炼制仙丹妙药，做了大量的尝试。他们把各类药物彼此配合烧炼：五金、八石（各种矿物药）、三黄（硫磺、雄黄、雌黄）、汞和硝石都是炼丹常用的药物。炼丹家的本意是指望借金石的精气，炼出一种能让人长生不老、得道成仙的灵药，但最终一无所获。虽然这种违背自然规律的事情必然失败，但炼丹家们在炼丹活动中，广泛吸取劳动人民的生产生活实践经验，逐步认识自然界的普遍规律积累了大量关于物质变化的经验知识，对物质变化规律做出了有益的探讨，显示了化学的原始形态，成为近代化学的先驱。

炼丹术中的《火法炼丹》与火药的发明有着密切关系，这种方法大约是一种无水加热的方法。晋代葛洪在《抱朴子》中对火法有所记载，火法大致包括：煅（长时间高温加热）、炼（干燥物质的加热）、灸（局部烘烤）、熔（熔化）、抽（蒸馏）、飞（又叫升，即是升华）、伏（加热使物质变性）。这些方法都是最基本的化学方法，也是炼丹术能够产生和发明的基础。炼丹家的虔诚和屡次的挫折，使得他们不得不反复实验和寻找新的方法，这就为火药的发明创造了条件。

最后，炼丹家虽然没有制成仙药，但由于大胆尝试，却在无意中发现、创造了不少新的东西。炼丹过程中起火，启示人们认识并发明了火药，这种由硫磺、硝石、木炭三种物质构成的极易燃烧的药，被称为"着火的药"，也就是火药。由于火药的发明来自炼丹术制丹配药的过程，所以在火药发明之后，曾一度被当做药物来

使用。李时珍的《本草纲目》中就提到了火药能治疮癣、杀虫，辟湿气、瘟疫等疾病。

炼丹家虽然发明了火药，但却不能用它解决长生不老的问题，而且又容易着火，所以对它并不感兴趣。火药的配方便逐渐转到了军事家手里，后来应用于军事和战争。

（四）火药的应用

1. 唐朝

　　火药在军事上的使用是从"火攻"开始的，在火药发明之前，两方打仗也常常运用"火攻"，主要是运用一种叫作"火箭"的武器，在火箭的箭头上绑一些像油脂、松香、硫磺之类的易燃物质，点燃后用弓射出去，可以用来烧毁敌人的阵地。这样的火箭虽然有一定的效果，但由于燃烧速度不快，燃烧力小，所以很容易被扑灭。

　　大约到了唐代晚期，军事家发现并应用了火药，"火攻"很快就有了新武器。最早使用火药武器是在唐天祐元年（904年）。当时的地方割据势力经常互相争斗，战斗中就曾使用过"飞火"攻城。"飞火"就是将一个火药团绑在箭杆上，点燃引信后发射出去，用来烧毁敌营，这就是"飞火"。

　　除了把火药绑在箭杆上之外，士兵还想到了另外一种办法。以前在攻城守城的时候常用一种抛石机，用来抛掷石头和

油脂火球，是消灭敌人的利器。有了火药之后，人们开始利用抛石机来抛掷火药包代替石头和油脂火球，结果威力大增。据宋代路振的《九国志》记载，唐哀帝时，郑璠率军攻打豫章（今江西南昌）时，利用"发机飞火"，烧毁该城的龙沙门，他率壮士突火登城，这是有关用火药攻城的早期记载。

2. 宋代

宋代的手工业有了长足发展，科学技术有了较大进步，火药的制造技术也有了显著提高。宋代的民族矛盾、阶级矛盾加剧，战争连年不断，更促使了火药武器的迅速发展。据《宋史·兵记》记载：970年，兵部令史冯继升进火箭法，这种方法是在箭杆前端缚火药筒，点燃后利用火药燃烧向后喷出的气体的反作用力把箭簇射出，这是世界上最早的喷射火器。1000年，士兵出身的神卫队长唐福向宋朝廷献出了他制作的火箭、火球、火蒺藜等火器。

1044年，北宋官修御定的《武经总要》中，就详细记载了这批最早的火药武器。这些火药武器主要分为火球类火器和火箭类火器两种。

火球类火器有引火球、蒺藜火球、毒药烟球等八种。它们的制作方法是把火药同铁片一类的杀伤物或致毒药物放在一起，然后用多层纸裹上封好。作战时，点燃引信后将它们抛射到敌军阵地。其中，引火球(也叫"火炮")就是大火药包，用以烧夷敌军人马。蒺藜火球和毒药烟

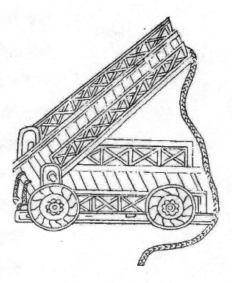

球也是火药包：蒺藜火球里面装有带刺的铁蒺藜，爆破后铁蒺藜飞散开来，遍落在道路上，阻止敌人兵马前进；毒药烟球内装砒霜、巴豆之类毒物，燃烧后成烟四散，使敌方中毒。

火箭类火器则是在箭头上附着炸药包，点燃引信，用弓弩发射出去，攻击较远距离的目标物。

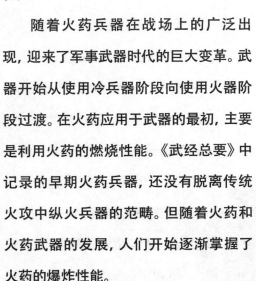

随着火药兵器在战场上的广泛出现，迎来了军事武器时代的巨大变革。武器开始从使用冷兵器阶段向使用火器阶段过渡。在火药应用于武器的最初，主要是利用火药的燃烧性能。《武经总要》中记录的早期火药兵器，还没有脱离传统火攻中纵火兵器的范畴。但随着火药和火药武器的发展，人们开始逐渐掌握了火药的爆炸性能。

火药易燃，并且燃烧起来相当激烈。

燃烧时火药能产生大量的氮气、二氧化碳和热量。当火药在密闭的容器内燃烧，使原本体积很小的固体火药，体积突然膨胀，猛增至原来的几千倍，容器就会因为容纳不了而发生爆炸，这就是火药的爆炸性能。人们认识到火药的这种爆炸性能后，制造出了各种各样的火器。

蒺藜火球、毒药烟球是爆炸威力比较小的火器。到了北宋末年，出现了爆炸威力比较大的"霹雳炮""震天雷"等火器。这些火器由于采用了铁壳作为外壳，强度比纸、布、皮大得多，所以有一定的承受力，点燃后能使炮内的气体压力增大到一定程度再爆炸，所以威力强，杀伤力大。这类火器主要用于攻坚或守城，1126年，李纲守开封时，就是用霹雳炮击退了金兵的围攻。

金与北宋的战争使火炮得到了进一步的改进，震天雷就是其中之一。这种铁火器，是铁壳类的爆炸性兵器。元军攻打金的南京（今河南开封）时，金兵就用了这种武器守城。《金史》对震天雷有这样的描述："火药发作，声如雷震，热力达半亩之上，人与牛皮皆碎并无迹，甲铁皆

透。"这样的描述可能有一点夸张，但是这是对火药威力的一个真实写照。从利用火药的燃烧性能到利用火药的爆炸性能，这一转化标志着火药使用的成熟阶段已经到来。

　　宋代由于战争不断，对火器的需求也日益增加，国家也加强了对火药的研究和生产。并设立了专门制造火药的国防工场，制造技术严禁外传。11世纪编成的《武经总要》，详细记载了火药和火器的制造。书中记录了三种火药方子："毒药

烟球法"含有13种成分;"蒺藜火球法",含有10种成分;"火炮火药法"含有14种成分。它们分别以不同的辅料,达到易燃、易爆、放毒和制造烟幕的不同目的。另外,书中还简要记述了当时火药的原料配比,其中硝石的比重已经超过了硫磺和木炭的总和,接近于现代黑色火药的比例。

宋神宗时朝廷设置了军器监,统管全国的军器制造。军器监雇佣工人四万多人,监下分十大作坊,生产火药和火药武器各为一个作坊,并占有非常重要的地位。史书上记载了当时的生产规模:"同日出弩火药箭七千支,弓火药箭一万支,蒺藜炮三千支,皮火炮二万支。"这些都促进了火药和火药兵器的发展。

到了南宋时期,火药的使用越来越普遍,火器也得到了进一步的发展。为了防御金兵的侵扰,南宋的军事家们不断改进武器。南宋初,宋高宗绍兴二年(1132

年），有一个叫陈规的军事学家，发明了一种管形火器——火枪，这在火器史上是一大进步。

火枪是由长竹竿作成，先把火药装在竹竿内，打仗的时候，由两个人拿着，点燃火发射出去，喷向敌军。这是我国最早出现的管形火器，有了管形火器，人们就可以比较准确地发射和适当地操纵火药的起爆了。陈规守安德时就用了"长竹竿火枪二十余条"。

火枪发明以后，经过不断的改进，到了南宋末年，又有人发明了突火枪。1259年，寿春地区有人制成了突火枪，突火枪是

用粗竹筒做的，这种管状火器与火枪不同，火枪只能喷射火焰烧人，而突火枪内装有"子巢"，火药点燃后产生强大的气体压力，把"子巢"射出去。"子巢"就是原始的子弹。突火枪开创了管状火器发射弹丸的先河，成为近代枪炮的开端。现代枪炮就是由管状火器逐步发展起来的，所以管状火器的发明是武器史上的又一次大飞跃。

宋代的火器已经发展到相当高的程度，可以作为中国古代火器的代表，是中国火药制造与使用技术的标志。

3. 明代

到了元明时期，

宋代原始的管状火器开始改用金属来制造，竹制的突火枪改用铜或铁来打造，铸成大炮，称为"火铳"。1332年的铜火铳，是世界上现存最早的有铭文的管状火器实物。

这些火铳主要分为两类，一类是口径小、细长轻便、铳尾安装木柄、由单人持击的手铳，用来发射石制或铁制的散弹。另一类是口径大、粗短较重、需要安于架上、发射球形弹丸的碗口铳。这两种火铳后来分别演变为枪和炮。火铳是中国古代第一代金属管形射击火器，它的出现，使火器的发展进入一个崭新的阶段。

明代在作战火器方面，发明了多种"多发火箭"，如同时发射十支箭的"火弩流星箭"；发射三十二支箭的"一窝蜂"；最多可发射一百支箭的"百虎齐奔箭"等。明燕王朱棣（即明成祖）与建文

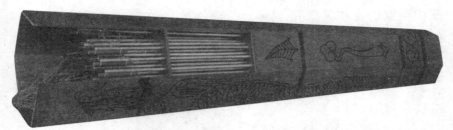

帝战于白沟河时，就曾使用了"一窝蜂"。这是世界上最早的多发齐射火箭，堪称现代多管火箭炮的鼻祖。

值得提出的是，根据茅元仪《武备志》一书的记载，当时水战中有一种名叫"火龙出水"的火器。这种火器可以在距离水面三四尺高处飞行，远达两三里。这种火箭用一根五尺长的大竹筒，做成一条龙，龙身上前后各扎两支大火箭，腹内藏数支小火箭，大火箭点燃后推动箭体飞行，"如火龙出于水面"。火药燃尽后点燃腹内小火箭，从龙口射出。击中目标将使敌方"人船俱焚"，这是世界上最早的二级火箭。

另外，该书还记载了"神火飞鸦"等具有一定爆炸和燃烧性能的雏形飞弹。

"神火飞鸦"用细竹篾绵纸扎糊成乌鸦形，腹中装有火药，由四支火箭推进，可飞百余丈，着陆后可以烧敌人的军营粮草。它是世界上最早的多火药筒并联火箭，它与今天的大型捆绑式运载火箭的工作原理很相近。

明朝时候，技术水平最高的火箭，发射出去还能再飞回来。这种火箭叫"飞空砂筒"。根据《武备志》记载，这种火箭是把装上炸药和细砂的小筒子，连在竹竿的一端；同时，再用两个"起火"一类的

东西，一正一反地绑在竹竿上。点燃正向绑着的"起火"，整个筒子就会飞走，运行到敌人上方时，引火线点着炸药，小筒子就下落爆炸；同时，反向绑着的"起火"也被点着，使竹竿飞回原来的地方。这种"飞空砂筒"，不但是一种两级火箭，而且还能飞出去又飞回来，设计非常巧妙。

我国的这些火药武器在当时都是最先进的。元初成吉思汗和他的子孙们就是凭借这些武器称王于中亚、波斯等地，

扬威一时。但是在我国，火药除了应用于武器制造之外，还广泛应用于娱乐方面，如爆竹、流星、烟火等游艺。《事物纪原》中就曾记载"魏马钧制爆仗，隋炀帝益以火药为杂戏"，北宋以后，这方面的记载就更多了。《会稽志》一书中提到："除夕爆竹相闻，亦有以硫磺作爆药，声尤震厉，谓之爆仗。"在我国民间还有在一二丈高的木架上施放的烟火，这种烟火与今天施放到天空中的烟火不同，燃放时间可长达两三个小时，其间可出现各色灯火、流星、炮仗等，有时还有重重帷幕下

降, 出现亭台楼阁、飞禽走兽等布景。

　　元朝书法家赵孟𫖯就曾写下千古名诗赞美燃放烟火的绚丽多姿。可见当时施放烟火时的壮观情景。古往今来, 不仅在中国, 世界上许多国家都有在节日期间燃放烟火以示欢庆的习俗, 以其蕴含的文化艺术和民族风情, 增添喜庆欢乐的气氛。

　　赠放烟火者

　　赵孟𫖯

　　人间巧艺夺天工, 炼药燃灯清昼同。

　　柳絮飞残铺地白, 桃花落尽满阶红。

纷纷灿烂如星陨，霍霍喧逐似火攻。

后夜再翻花上锦，不愁零乱向东风。

随着火箭的发展，14世纪末，我国还有人想借助火箭的力量来飞行。这件事被记载在美国火箭学家赫伯特·S·基姆1945年出版的《火箭和喷气发动机》书中，他提到：14世纪末年，有一个中国官吏叫万户，曾经在一把椅子后面，装上46支大火箭，人坐在椅子上，两手拿着两个大风筝。然后叫人用火把这些火箭点着，他想

借着火箭推进的力量，再加上风筝上升的力量，使自己飞向前方，结果没有成功。这位官吏的幻想虽然没有实现，但是十分可贵，它和现在喷气式飞机的原理是非常相近的。尽管这是一次失败的尝试，但万户被誉为利用火箭飞行的第一人。为了纪念万户，月球上的一个环形山以万户的名字命名。

（五）火药的传播

火药在我国诞生后，得到了广泛的应用，1225—1248年间，火药由商人经印度传入了阿拉伯。后来在12世纪后期，西班牙人通过翻译阿拉伯人的书籍逐渐了解到火药,而主要的火药武器大多是通过战争西传的。

　　13世纪,成吉思汗发兵西征中亚,蒙古军队使用了火药兵器,1260年元世祖的军队在与叙利亚作战中被击溃,阿拉伯人缴获了火箭、毒火罐、火炮、震天雷等火药武器,从而掌握了火药武器的制造和使用。火药技术这才传到阿拉伯世界,又由阿拉伯人传到了欧洲。阿拉伯人与欧洲一些国家进行长期战争的时候,由于使用了火药兵器，使欧洲人逐渐掌握了制造火药和火药兵器的技术。英、法各国直到14世纪中期，才有应用火药和火药武器的记载。

火药和火药武器传入欧洲，"不仅对作战方法本身，而且对统治和奴役的政治关系起了变革的作用。要获得火药和火器，就要有工业和金钱，而这两者都为市民所占用。因此，火器一开始就是以城市为领先的新兴君主政体反对封建贵族的武器。以前一直攻不破的贵族城堡的石墙抵不住市民的大炮，市民的子弹射穿了

骑士的盔甲。贵族的统治跟身穿铠甲的骑兵同归于尽，土崩瓦解。随着资本主义的发展，新的精锐的火炮在欧洲的工厂中制造出来，装备着威力强大的舰队，扬帆出航，开始去征服新的殖民地……"。

（六）火药的影响

火药的诞生和火药武器的出现，是世界兵器史上划时代的大事，它使军事作战武器发生了飞跃性的进步，揭开了兵器发展史上的新篇章。人们从使用冷兵器向使用火器阶段迈进，一场伟大的军事变革正在孕育，终将使战争的面貌彻底改变。

火器的应用，使人类由冷兵器时代开始进入到热兵器时代。士兵在战场上的肉搏再也不是决定胜负的关键，热兵器时代下，装备先进火器的军队在和冷兵器的军队作战时，基本占有了战场上的绝对优势。

中国作为火药的故乡、现代枪炮始祖的发源地，在将火药应用于军事斗争的实践活动中，走在了世界的前列。仅以《武经总要》所明确记载的火药武器来说，就比欧洲出现的火药武器早了约三个世纪。据悉，一直到19世纪为止，黑火药都是唯一的推进燃料和炸药。

正是由于火药的广泛使用，才使大规模地开采矿产成为可能，才有了近代的矿冶业，从而推动了近代工业的长足发展。

中国火药火器技术的西传，影响和推动了其他国家军事科技的发展和世界历史的进程。这不仅改变了欧洲的作战方法，而且成为欧洲市民阶层反对封建贵族的锐利武器，帮助资产阶级把封建骑士阶层彻底打败，为资产阶级革命的胜利铺平了道路。

但是进入近代以后，由于我国封建制度的落后以及长期闭关自守的政策，使一度先进的火药使用与火药武器的制造技术逐渐落伍，并逐渐被欧洲人赶超，中华民族发明了火药，却没有用自己的火药制造出威力强大的枪炮，只能用自己的血肉之躯抵抗侵略者的进攻，人民饱受压迫，这是值得我们深刻思考的历史教训。

如今，现代火药的发展使火药在军事、航天、建筑、交通等各行各业正发挥着重要的作用。无烟火药、双基火药、雷管、TNT等的出现，使现代意义上的枪炮、火箭、炸弹、导弹等武器得以产生。中

华民族的伟大发明正在以新的姿态走向
世界，迈向未来。